FORSCHUNGSBERICHTE DES LANDES NORDRHEIN-WESTFALEN

Nr. 1158

Herausgegeben

im Auftrage des Ministerpräsidenten Dr. Franz Meyers

von Staatssekretär Professor Dr. h. c. Dr. E. h. Leo Brandt

DK 669.15 — 194.57
669.15 — 194.56
539.434

Dr.-Ing. habil. Alfred Krisch

Max-Planck-Institut für Eisenforschung in Düsseldorf

Über die Extrapolation von Zeitstandversuchen

SPRINGER FACHMEDIEN WIESBADEN GMBH

ISBN 978-3-663-03943-3   ISBN 978-3-663-05132-9 (eBook)
DOI 10.1007/978-3-663-05132-9

Verlags-Nr. 011158

Inhalt

I. Zeichnerische Darstellung von Zeitstandlinien

In den letzten Jahrzehnten sind die Arbeitstemperaturen von Kraftwerksanlagen, wie Dampfkessel, Rohrleitungen und Turbinen, sowie von chemischen Apparaturen immer weiter erhöht worden, um einen guten Wirkungsgrad zu erzielen. Dies bedingt die äußerste Ausnutzung der Werkstoffe bis in ein Gebiet, in dem die Festigkeit des Werkstoffes von der Beanspruchungszeit abhängig ist. Hier reicht die Prüfung der Werkstoffe nach den bei Raumtemperatur üblichen Verfahren nicht mehr aus, sondern es müssen die Warmzugversuche durch Zeitstandversuche ergänzt werden.

Wird eine Probe aus einem vergüteten, legierten Stahl bei z. B. 500° in etwa 10 min bis zum Bruch gereckt, so entsteht ein Kraftzeitschaubild, wie es unter a in Abb. 1 schematisch dargestellt ist. Es unterscheidet sich nicht wesentlich von

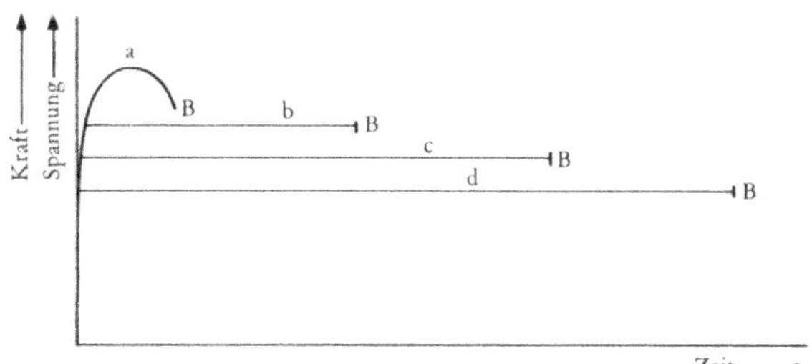

Abb. 1 Kraft-Zeit-Schaubild eines Stahles bei erhöhter Temperatur (etwa 500°, schematisch)

a = bei Warmzugversuch
b, c und d = beim Zeitstandversuch
B = Bruch

dem Kraftdehnungsschaubild bei der gleichen Temperatur. Das Schaubild wird aber grundsätzlich geändert, wenn die Probe nicht fortlaufend gereckt, sondern durch eine Kraft beansprucht wird, die niedriger als die Höchstkraft ist. Dann entsteht unter dieser Kraft eine Dehnung, die über lange Zeiten fortschreitet und schließlich zum Bruch führen kann (Kurven b bis d). Die Zeiten bis zum Bruch sind um so länger, je niedriger die auf der Probe ruhende Kraft ist.

Die zeitabhängige Dehnung kann sich bei niedriger Beanspruchung über Jahre erstrecken, bis der Bruch eintritt; die Dehngeschwindigkeiten sind daher sehr gering. Über den zeitlichen Ablauf der Dehnung sind schon frühzeitig grundlegende Untersuchungen durchgeführt worden [1]. Die bei diesen Zeitstandversuchen erreichte Zeitbruchdehnung erweist sich je nach Werkstoff und Temperatur von der Beanspruchung in ganz verschiedener Weise abhängig; sie kann der im kurzzeitigen Zugversuch gemessenen Bruchdehnung annähernd gleich sein, aber auch von dieser erheblich nach unten abweichen. Für dieses verschiedene Verhalten der Zeitbruchdehnung bestehen heute noch keine theoretischen Erklärungen, sondern es sind bisher nur Versuchsergebnisse gesammelt worden. Es ist daher nicht möglich, die Bruchzeit vorauszusagen, und es hat sich als notwendig erwiesen, die Zeitbruch- oder Zeitstandlinien für jeden interessanten Werkstoff durch den Versuch zu ermitteln. Die Bemühungen, die Zeitstandfestigkeit in Abkürzungsverfahren [2] zu bestimmen, haben keinen dauernden Erfolg gebracht, sondern es werden heute Versuche von ähnlicher Zeitdauer erstrebt, wie die Betriebszeit der daraus gebauten Kessel oder Maschinen sein soll. Da heute die Spannung, die in 100 000 Stunden zum Bruch führt, eine der Berechnungsunterlagen ist, hat man in großem Umfange Langzeitversuche begonnen, in denen diese Zeitstandfestigkeit im Versuch ermittelt werden soll [3].

Wegen der Unmöglichkeit, mit der Verwertung jeder Neuentwicklung zu warten, bis 100 000-Stunden-Versuche vorliegen, und auch wegen der hohen Versuchskosten ist man aber immer wieder gezwungen, aus wenigen Versuchen mit verhältnismäßig kurzer Zeitdauer das Langzeitverhalten des Werkstoffes zu extrapolieren. Standversuche an warmfesten Stählen ergeben meist einen sehr langsamen Abfall der Zeitstandlinien für längere Versuchszeiten, so daß eine Extrapolation sehr unsicher ist, wenn man die Darstellung in kartesischen Koordinaten wählt (Abb. 2). Deshalb pflegt man ähnlich wie bei der Auswertung der Schwingungsversuche die Zeitachse logarithmisch einzuteilen; sehr oft wird auch für die Spannungsachse die logarithmische Einteilung angewandt.

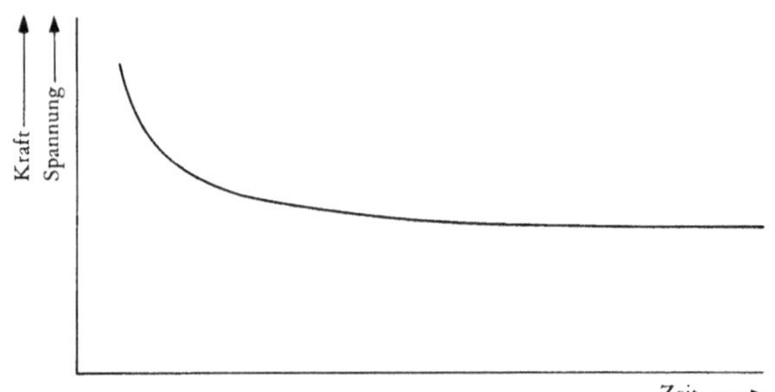

Abb. 2   Zeit-Bruch-(Zeit-Stand-)Linie eines Stahles bei erhöhter Temperatur
(schematisch)

Bereits A. E. WHITE, C. L. CLARK und R. L. WILSON [4], sowie R. H. THIELEMANN und E. R. PARKER [5] wandten diese doppeltlogarithmische Darstellung an und verbanden die Versuchspunkte durch gerade Linien. Wo dies nicht möglich war, zeichneten sie einen Knick in die Zeitstandlinien. R. H. THIELEMANN [6] und A. W. WHEELER [7] verlängerten diese geknickten Linienzüge über den letzten Versuchspunkt hinaus bis zu 100 000 Stunden. Diese Darstellung eines geknickten Linienzuges ist von vielen Forschern aufgenommen worden. Man hat auch versucht, den Knickpunkten physikalische Bedeutung beizulegen, z. B. sie als den Übergang vom transkristallinen zum interkristallinen Bruch zu erklären [5], doch besteht hierüber keine einheitliche Auffassung.

Im Gegensatz dazu wurden von A. THUM und K. RICHARD [8–10] die Versuchspunkte auch im doppeltlogarithmischen Maßstab durch gekrümmte Linienzüge dargestellt. Sie gaben aber keine Regel an, in welcher Form ihre Kurven auf längere Versuchszeiten extrapoliert werden sollten. Solche gekrümmten Kurven kommen unseren Vorstellungen über das Werkstoffverhalten näher als die geknickten Linienzüge. Auch in den oben genannten Veröffentlichungen über die Versuche des Langzeitausschusses ist die Darstellung in gekrümmten Linien bevorzugt, sie erscheint mindestens ebenso begründet, wie die Darstellung der Zeitbruchlinien durch geknickte Geraden.

Die Extrapolation der Zeitstandlinien selbst, sei es der linearen oder der gekrümmten Linienzüge, hat für die Ermittlung von 100 000- oder 10 000-Stunden-Werten die größere Bedeutung gegenüber dem Verfahren, aus Versuchen von kürzerer Dauer, aber bei weiter erhöhter Temperatur Langzeitwerte nach den Gleichungen von F. R. LARSON und J. MILLER [11], S. S. MANSON und A. M. HAFERD [12] oder R. L. ORR, O. D. SHERBY und J. E. DORN [13] zu berechnen. Nachdem eine Überprüfung der Gleichung von LARSON und MILLER mit Hilfe der Versuchsergebnisse des Langzeitausschusses [3] unbefriedigend verlaufen war [14], soll jetzt die unmittelbare Extrapolation der Zeitstandlinien untersucht werden.

II. Rechnerische Extrapolation von Zeitstandlinien in doppeltlogarithmischen Koordinaten

a) Extrapolation mit linearen Gleichungen

Ein geknickter Linienzug im doppeltlogarithmischen System, wie er z. B. von THIELEMANN und PARKER [5] gekennzeichnet wird, läßt sich durch Gleichungen von der Form

$$\log \sigma = a - b \log t \tag{1}$$

wiedergeben, wobei σ die Spannung, t die Zeit bis zum Bruch bedeuten und die Festwerte a und b von Abschnitt zu Abschnitt wechseln. Die Extrapolation dieser einfachen Gleichung auf lange Versuchszeiten setzt voraus, daß die lineare Abhängigkeit erhalten bleibt. Sind die Versuche nicht bei genügend niedrigen Beanspruchungen durchgeführt, so daß nur kürzere Bruchzeiten gemessen worden sind, so besteht die Gefahr, daß der letzte Knickpunkt nicht erkannt wird.

b) Extrapolation mit quadratischen Gleichungen

Gleicht man jedoch die Versuchspunkte durch eine gekrümmte stetige Kurve aus, so liegt es nahe, auch hierfür eine einfache mathematische Funktion anzunehmen und zu untersuchen, ob diese für eine Darstellung der Versuchsergebnisse brauchbar sei und auf welche Werte sie bei einer Extrapolation führen würde. Hierfür wurde der Ausdruck

$$\log \sigma = a - c(\log t)^2 \tag{2}$$

gewählt (σ = Spannung, t = Zeit bis zum Bruch, a und c = Festwerte). Für Zeiten $t > 1$ erfüllt diese Kurve die Bedingung, daß die Versuchszeit t zunimmt, wenn die angelegte Spannung σ kleiner wird, sie führt jedoch für kleine, hier aber nicht interessierende Versuchszeiten auf nicht brauchbare Werte, da sie für $t = 1$ ein Maximum besitzt und für kleine Werte von t schließlich für σ gegen Null geht.
Beide Gl. (1) und (2) führen für sehr lange Versuchszeiten auf endliche Spannungen σ, wenn sie auch schließlich sehr klein werden. Sie enthalten also die Annahme, daß die Zeitstandfestigkeit nicht bis auf Null absinkt. Bei einer einfachlogarithmischen Darstellung für die Zeitstandlinie, etwa $\sigma = a - b \log t$, die durch die Versuchspunkte in manchen Fällen etwa gleich gut erfüllt wird, läßt sich jedoch ein Zeitpunkt berechnen, zu dem die Zeitstandfestigkeit auf Null abgefallen ist.

Entscheidend für die Wahl der Gl. (2) war auch die einfache Behandlung von Zahlenbeispielen bei der praktischen Anwendung der Formel, wenn mehrere Versuchspunkte vorliegen und ein Ausgleich der Festwerte nach der Methode der kleinsten Fehlerquadrate vorzunehmen ist. Funktionen der Form

$$\log \sigma = a - c\,[\log(t + d)]^2 \quad \text{und} \quad \log \sigma = a - c\,(\log t)^e$$

mit von Fall zu Fall wechselnden Werten für den Festwert d oder den Exponenten e hätten ein Vielfaches an Rechenaufwand für eine zahlenmäßige Bestimmung der Festwerte erfordert.

c) Vergleich mit Versuchsergebnissen

Um die Anwendbarkeit der Gl. (1) und (2) für eine Extrapolation von Zeitstandversuchen zu untersuchen, wurde aus den Gemeinschaftsversuchen des Langzeitausschusses [3] eine Anzahl von Versuchsreihen ausgewählt, bei denen möglichst Versuche bis über 50 000 h vorlagen. Aus den ersten Werten dieser Reihen wurde dann versucht, den längsten Versuch nachzurechnen und außerdem die Zeitstandfestigkeit für 100 000 h zu finden. Hierbei wurden nicht nur die bereits veröffentlichten Versuchsergebnisse benutzt, sondern die zu einem späteren Zeitpunkt angefallenen Werte hinzugenommen. Die betrachteten Werkstoffe sind in Tab. 1 aufgeführt.
Die Auswertung erforderte zunächst die Aufzeichnung der Versuchspunkte im doppeltlogarithmischen Maßstab, um für die Behandlung nach Gl. (1) die einzelnen Punkte dem einen oder anderen Geradenabschnitt zuzuordnen und die Knickpunkte angenähert festzulegen. Beispiele zeigen die Abb. 3 bis 6. Aus den Punkten wurden dann die Geraden nach Gl. (1) berechnet; wenn mehr als die notwendigen zwei Punkte für einen Abschnitt vorlagen, wurde eine Ausgleichsrechnung nach der Methode der kleinsten Quadrate durchgeführt. Lagen Versuchspunkte in der Nähe der Knickpunkte, so war es in einigen Fällen angängig, sie in die Rechnung für die beiden benachbarten Geraden einzusetzen. Für die Rechnung wurde eine vierstellige Logarithmentafel benutzt, obwohl für das Endergebnis eine größere Genauigkeit als zwei bis drei Stellen mit Rücksicht auf die Streuung in vielen Versuchsreihen kaum notwendig erschien.
Für die Untersuchung der Gl. (2), die ebenfalls durch zwei Punkte gegeben ist, wurden einerseits aus allen vorliegenden Versuchspunkten notfalls mittels der Ausgleichsrechnung die Festwerte der Funktion berechnet, andererseits wurde versucht, aus den ersten Versuchspunkten die weiteren Punkte zu extrapolieren und so die Brauchbarkeit der Formel nachzuweisen. In den Beispielen der Abb. 3, 4 und 6 sind diese Kurven zum Vergleich eingezeichnet.
In Tab. 2 sind die Ergebnisse dieser Rechnungen zusammengestellt. Sie enthält neben den Angaben über Werkstoff und Temperatur zunächst den Versuch mit der längsten Bruchzeit t und der dazu erforderlichen Spannung σ_t, der nach den Gl. (1) oder (2) nachgeprüft werden sollte. Die nächsten Spalten enthalten die

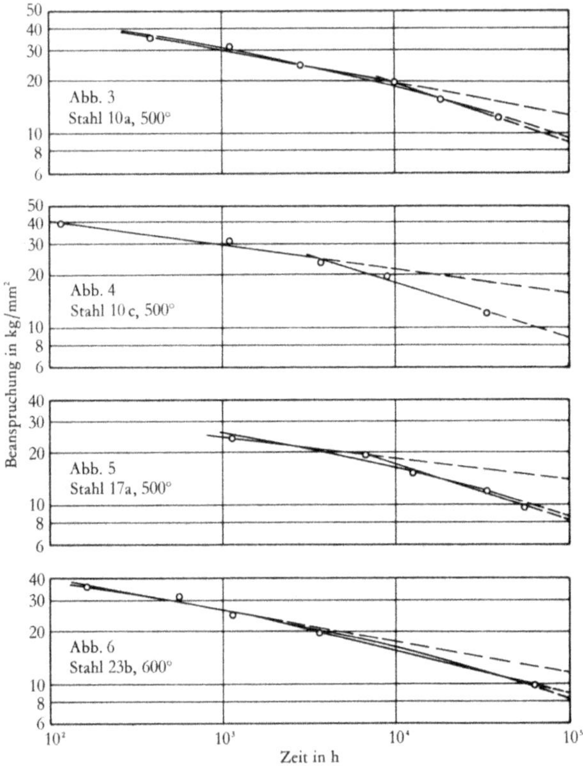

Abb. 3–6   Beispiele für Zeitstandkurven

Versuchszeiten, deren nicht einzeln aufgeführte Meßpunkte zu den Extrapolationen ausgewertet sind. Im allgemeinen wurden Versuchsreihen mit der kürzesten Versuchszeit t_1 nicht unter 100 h und der längsten Versuchszeit t_2 von mindestens 2000 h ausgewählt.

Das Ergebnis der Extrapolation zeigen die nächsten Spalten. Zunächst ist nach der Gl. (1) die Spannung σ_t' ausgerechnet, die sich für die längste Versuchszeit t der Reihe ergibt. Diese errechnete Spannung σ_t' wurde dann zu der Versuchsspannung σ_t ins Verhältnis gesetzt; die Abweichung des Verhältnisses von 1 ist ein Maß für die Sicherheit der Extrapolation. Außerdem ist die Bruchspannung für die Zeit 100 000 h $\sigma_B'{}_{100\,000}$ ausgerechnet. Die folgenden drei Spalten enthalten die gleichen Werte, die sich aus der Gl. (2) ergeben; zur Unterscheidung wurden die für die Zeiten t und 100 000 h errechneten Spannungen σ_t'' und $\sigma_B''{}_{100\,000}$ genannt. Zur Nachprüfung, ob der Ansatz nach Gl. (2) überhaupt zu einer brauchbaren Darstellung von Zeitstandkurven geeignet sein kann, ist in der nächsten Spalte der Numerus des mittleren quadratischen Fehlers s angegeben; bei einer logarithmischen Kurve ist dies der Faktor, der die mittlere Unsicherheit für die zu einer bestimmten Bruchzeit gehörende Spannung angibt.

12

Tab. 1 Chemische Zusammensetzung und Wärmebehandlung der betrachteten Werkstoffe
(Weitere Angaben siehe unter [3])

Stahl Nr.	Bezeichnung	Chemische Zusammensetzung in %								Wärmebehandlung
		C	Si	Mn	Cr	Mo	Nb/Ta	Ni	V	
1a	15 Mo 3	0,13	0,32	0,54	0,03	0,32	n. b.	0,11	0,02	15 h 890 bis 900°/Luft
1b	15 Mo 3	0,17	0,28	0,72	0,00	0,29	n. b.	0,00	0,02	½ h 910°/Luft
3a	13 CrMo 44	0,14	0,25	0,42	0,99	0,45	n. b.	0,00	0,00	10' 920°/Luft; 30' 700°/Luft
3b	13 CrMo 44	0,16	0,21	0,61	0,83	0,44	n. b.	0,15	0,02	½ h 900°/Luft; 2h 700°/Luft
3d	13 CrMo 44	0,16	0,28	0,58	0,65	0,43	n. b.	0,10	n. b.	1 h 920°/Luft; 2h 700°/Luft
5a	10 CrSiMoV 7	0,08	1,27	0,48	1,63	0,52	n. b.	0,28	0,29	17 h 950°/Luft; 750°/Luft
7a	10 CrMo 910	0,12	0,16	0,54	2,14	1,13	n. b.	0,17	0,04	½ h 885°/Ofen; 650°/Luft
7b	10 CrMo 910	0,11	0,11	0,46	2,25	1,08	n. b.	0,02	0,03	½ h 885°/Ofen; 650°/Luft
8a	12 CrMo 195	0,12	0,35	0,41	4,94	0,53	n. b.	0,22	0,01	½ h 880–900°/Ofen; 600°/Luft
10a	GS-22 Mo 4	0,24	0,33	0,56	0,16	0,44	n. b.	0,03	0,00	5 h 900°/Luft
10b	GS-22 Mo 4	0,23	0,33	0,74	0,28	0,38	0,00	0,48	0,03	28 h 920°/Luft bis 400°; 36 h 720°/Ofen
10c	GS-22 Mo 4	0,20	0,44	1,00	0,18	0,31	n. b.	Sp.	0,00	3 h 880°/Öl; 8 h 660°/Luft
13a	24 CrMoV 55	0,23	0,26	0,44	1,27	0,57	n. b.	0,17	0,18	950°/Öl; 5 h 680–580°/Ofen
13b	24 CrMoV 55	0,26	0,26	0,70	1,33	0,52	n. b.	0,17	0,16	26 h 930°/Öl; 690–700°/Ofen
13c	GS-24 CrMoV 55	0,24	0,52	0,57	1,39	0,68	n. b.	n. b.	0,12	2 h 980°/Luft; 4 h 820°/Ofen
13d	24 CrMoV 55	0,28	0,23	0,52	1,45	0,52	0,00	0,10	0,17	950°/Öl; 10 h 700°/Luft
15a	28 NiCrMo 44	0,27	0,28	0,46	0,78	0,37	n. b.	1,25	0,03	55 h 865–870°/Öl; 630°/Ofen
16a	21 CrMoWV 511	0,21	0,33	0,43	1,75	1,01	n. b.	0,40	0,35[1]	1050°/Luft; 1 h 740°/Luft
16b	21 CrMoWV 511	0,21	0,33	0,43	1,75	1,01	n. b.	0,40	0,35[1]	wie 16a; zusätzlich 930°/Öl; 3 h 730°/Luft
17a	21 CrMoV 511	0,19	0,98	0,38	1,32	1,05	n. b.	0,32	0,54	1 h 980°/Öl; 2 h 670°/Luft
17b	GS-21 CrMoV 511	0,19	0,84	0,46	1,23	1,00	n. b.	0,23	0,54	1 h 1020°/Luft; 2 h 680°/Luft
17c	21 CrMoV 511	0,17	0,53	0,47	1,10	1,16	n. b.	0,11	0,35	1 h 1050°/Öl; 3 h 700°/Luft
18a	15 CrMoV 20	0,13	1,00	0,47	4,80	1,60	0,50	0,16	0,61	1 h 1100°/Öl; 1 h 680°/Luft
21b	4550	0,11	0,85	0,66	19,10	n. b.	0,72	10,10	n. b.	geschmiedet
22b	4541	0,07	0,48	0,31	16,56	0,09	n. b.	10,73	Sp.[2]	1 h 1050°/Wasser
22c	4961	0,05	0,40	1,24	16,95	0,16	0,69	13,55	0,04	20' 1100°/Luft
22e	4961	0,07	0,88	1,31	16,65	n. b.	0,63	12,77	n. b.	1 h 1050°/Luft
23b	4972	0,06	0,44	0,54	17,38	1,97	n. b.	12,19	0,05[3]	1 h 1050°/Wasser
24a	4982	0,06	0,59	1,41	17,30	2,22	0,64	12,05	0,04[4]	20' 1100°/Luft
132b	–	0,06	0,35	1,58	15,60	1,47	0,42	14,45	0,81[5]	1150–950° geschmiedet; 690–780°; 10 bis 20% warm-kalt-geschmiedet

[1] Zusätzlich 0,55% W. – [2] Zusätzlich 0,42% Ti. – [3] Zusätzlich 0,38% Ti. – [4] Zusätzlich 0,10% Ti. – [5] Zusätzlich 2,04% Co, 0,78% W.

Tab. 2 *Nach den Gl. (1)* $\log \sigma = a - b \log t$ *und Gl. (2)* $\log \sigma = a - c(\log t)^2$
errechnete Zeitstandwerte

Stahl Nr.	Bezeichnung	Temperatur [°C]	Längster Versuch Zeit t [h]	Längster Versuch Spannung σ_t [kg/mm²]	Versuchszeiten von t_1 [h]	Versuchszeiten bis t_2 [h]
1a	15 Mo 3	500	53 143	12,0	101 11 781	5 468 53 143
1b	15 Mo 3	500	24 110	16,0	412 14 342	3 562 24 110
3a	13 CrMo 44	550	51 970	6,2	289 8 931 289	1 978 51 970 51 970
3b	13 CrMo 44	550	10 244	9,7	20 1 435	1 435 10 244
3d	13 CrMo 44	550	13 360	9,8	193 193	1 994 13 360
5a	10 CrSiMoV 7	550	33 488	9,8	386 20 6 232 386	6 232 6 232 33 488 33 488
		600	20 849	5,0	136 136 3 644 136	3 644 12 459 20 849 20 849
7a	10 CrMo 910	500	5 778	30,9	373	5 778
		550	49 193	9,7	30 15 800 30	1 227 49 193 49 193
		575	3 360	16,0	255 255	1 174 3 360
		600	38 628	5,0	272 12 846 272	3 456 38 628 38 628
7b	10 CrMo 910	500	7 618	30,9	439	7 618
		550	51 535	9,8	120 25 322 120	1 509 51 535 51 535

Nach Gleichung (1)			Nach Gleichung (2)			
errechnete Spannung σ_t' [kg/mm²]	Verhältnis σ_t'/σ_t	$\sigma_B'{}_{100\,000}$ [kg/mm²]	errechnete Spannung σ_t'' [kg/mm²]	Verhältnis σ_t''/σ_t	$\sigma_B''{}_{100\,000}$ [kg/mm²]	Unsicherheitsfaktor s
15,9	1,32	14,9				
12,0	1,00	9,8				
19,0	1,19	16,0				
16,0	–	9,3				
7,3	1,18	6,3	5,4	0,87	4,2	1,012
6,2	1,00	5,2				
			5,8	0,94	4,6	1,043
15,6	1,61	11,9				
9,5	0,98	4,2				
10,9	1,11	7,3				
10,0	1,02	6,4				
			9,9	1,01	8,5	–
10,2	1,04	9,2	9,2		7,6	
9,8	–	8,5				
			9,8	1,00	8,4	1,003
5,7	1,14	4,1	4,9	0,98	2,8	1,015
5,7	1,14	4,1	5,3	1,06	3,2	1,031
5,2	1,04	3,5				
			5,1	1,02	3,1	1,033
30,9	1,00	18,2	30,9	1,00	14,9	1,003
7,5	0,77	6,2	3,7	0,38	2,4	1,139
9,7	–	8,4				
			8,6	0,89	7,0	1,192
14,6	0,91	5,3	13,7	0,86	2,8	1,009
15,7	0,98	6,4	15,5	0,97	4,4	1,038
6,1	1,22	5,1	5,1	1,02	3,7	1,033
4,9	0,98	3,5				
			5,2	1,04	3,8	1,062
31,2	1,01	19,4	31,1	1,01	16,4	1,040
7,4	0,76	6,2	4,4	0,45	3,1	1,109
9,8	–	8,0				
			9,3	0,95	7,7	1,184

Tab. 2 (Fortsetzung)

Stahl Nr.	Bezeichnung	Temperatur [°C]	Längster Versuch		Versuchszeiten	
			Zeit t [h]	Spannung σ_t [kg/mm²]	von t_1 [h]	bis t_2 [h]
8a	12 CrMo 195	550	52 747	6,2	44	1 000
					1 000	52 747
					44	52 747
		600	26 450	4,0	184	2 488
					44	2 488
					9 293	26 450
					184	26 450
10a	GS-22 Mo 4 ·	500	39 556	12,2	394	2 882
					394	9 856
					9 856	39 556
					394	39 556
10b	GS-22 Mo 4	500	49 976	12,0	88	2 692
					10 528	49 976
10c	GS-22 Mo 4	500	34 091	12,2	116	3 761
					3 761	34 091
13a	24 CrMoV 55	500	49 760	30,8	56	4 014
					9 850	49 760
13b	24 CrMoV 55	500	35 381	31,1	10	1 929
					1 929	35 381
		550	15 826	15,6	503	5 818
					5 818	15 826
13c	GS-24 CrMoV 55	500	17 244	19,5	24	7 053
					7 053	17 244
					24	17 244
		550	22 212	7,8	149	1 208
					149	2 308
					8 881	22 212
					149	22 212
13d	24 CrMoV 55	500	6 253	30,9	15	352
					15	6 253
15a	28 NiCrMo 44	500	58 171	15,6	280	5 040
					23 037	58 171
					280	58 171

Nach Gleichung (1)			Nach Gleichung (2)			
errechnete Spannung σ_t' [kg/mm²]	Verhältnis σ_t'/σ_t	$\sigma_B{'}_{100\,000}$ [kg/mm²]	errechnete Spannung σ_t'' [kg/mm²]	Verhältnis σ_t''/σ_t	$\sigma_B{''}_{100\,000}$ [kg/mm²]	Unsicherheitsfaktor s
8,9	1,43	8,5	7,2	1,16	6,5	–
6,1	0,98	5,5				
			6,1	0,98	5,3	1,032
			3,8	0,95	2,7	1,018
3,9	0,98	2,9	3,0	0,75	1,8	1,089
4,0	–	3,0				
			3,9	0,98	2,8	1,017
15,6	1,28	13,2	13,2	1,08	10,1	1,009
15,1	1,24	12,7	13,8	1,13	10,7	1,023
12,1	0,99	8,9				
			12,6	1,03	9,5	1,033
17,1	1,42	15,6				
12,2	1,02	9,8				
18,5	1,52	16,0				
12,4	1,02	8,9				
35,7	1,16	34,3				
30,8	–	27,9				
33,9	1,09	32,3				
31,1	–	28,7				
22,1	1,42	18,5				
15,6	–	6,8				
24,5	1,26	21,5	23,0	1,18	18,1	1,050
19,5	–	12,6				
			21,0	1,08	15,7	1,073
			6,5	0,83	3,6	1,002
7,3	0,94	5,0				
7,8	–	5,4				
7,8	1,00	5,5	7,4	0,95	4,6	1,057
34,1	1,10	30,0				
31,5	1,02	26,5				
25,6	1,64	24,5	23,8	1,52	22,2	–
15,5	0,99	11,9				
			17,8	1,14	15,8	1,104

Tab. 2 (Fortsetzung)

Stahl Nr.	Bezeichnung	Tem-peratur [°C]	Längster Versuch		Versuchszeiten	
			Zeit t [h]	Spannung σ_t [kg/mm²]	von t_1 [h]	bis t_2 [h]
16a	21 CrMoWV 511	500	57 536	24,4	204	1 920
					20 943	57 536
					204	57 536
		550	19 870	15,6	90	3 862
					90	8 136
					3 862	19 870
					90	19 870
16b	21 CrMoWV 511	550	20 072	12,2	36	3 950
					9 498	20 072
17a	21 CrMoV 511	500	28 133	24,5	218	2 816
					218	4 563
					4 563	28 133
					218	28 133
		550	55 009	9,8	1 138	6 754
					1 138	12 894
					12 894	55 009
					1 138	55 009
17b	GS-21 CrMoV 511	500	21 787	24,3	215	2 425
					2 425	21 787
		550	24 242	15,5	849	6 848
					6 848	24 242
17c	21 CrMoV 511	500	38 053	30,9	36	6 394
					6 394	38 053
		550	14 240	15,6	151	1 354
					151	12 357
					12 357	14 240
					151	14 240
18a	15 CrMoV 20	550	54 702	12,2	61	2 257
					961	2 257
					5 694	54 702
					961	54 702
21b	4550	700	41 746	4,0	13	1 142
					5 984	41 746
					13	41 746

Nach Gleichung (1)			Nach Gleichung (2)			
errechnete Spannung σ_t' [kg/mm²]	Verhältnis σ_t'/σ_t	$\sigma_B{}'_{100\,000}$ [kg/mm²]	errechnete Spannung σ_t'' [kg/mm²]	Verhältnis σ_t''/σ_t	$\sigma_B{}''_{100\,000}$ [kg/mm²]	Unsicherheitsfaktor s
27,5	1,13	26,2	24,2	0,99	22,3	1,053
24,4	–	21,5				
			25,4	1,04	23,5	1,053
21,9	1,40	19,6				
			18,5	1,19	14,4	1,054
15,5	0,99	10,0				
			16,9	1,08	12,5	1,076
15,9	1,30	13,0				
12,2	–	7,1				
25,5	1,04	22,8				
			22,3	0,91	18,2	1,017
24,5	–	22,2				
24,4	1,00	21,5	23,9	0,98	20,1	1,028
15,0	1,53	14,0	14,1	1,44	12,7	–
			11,9	1,22	10,4	1,043
10,1	1,03	8,4				
			10,4	1,06	8,8	1,058
25,1	1,03	21,8				
24,3	–	20,6				
16,9	1,09	14,5				
15,5	–	12,1				
34,5	1,12	32,4				
30,9	–	27,3				
24,4	1,56	20,0	22,3	1,43	15,8	–
			19,2	1,23	12,2	1,033
15,6	–	0,8				
			17,3	1,11	10,2	1,082
14,1	1,16	12,0				
			6,6	0,54	4,9	1,040
12,0	0,98	10,8				
			10,8	0,88	8,9	1,100
7,0	1,75	6,1	4,2	1,05	3,0	1,031
3,9	0,98	2,9				
			3,9	0,98	2,8	1,041

Tab. 2 (Fortsetzung)

Stahl Nr.	Bezeichnung	Temperatur [°C]	Längster Versuch		Versuchszeiten	
			Zeit t [h]	Spannung σ_t [kg/mm²]	von t_1 [h]	bis t_2 [h]
22b	4541	600	52 046	8,0	26	2 988
					10 495	52 046
					26	52 046
		700	10 029	4,9	109	1 658
					1 658	10 029
					109	10 029
22c	4961	600	52 095	15,9	112	12 578
					2	12 578
					12 578	52 095
					112	52 095
		700	7 687	7,3	3 645	7 687
					155	7 687
					10	7 687
22e	4961	700	16 784	4,9	242	4 333
					4 333	16 784
					242	16 784
23b	4972	600	62 746	10,0	160	1 126
					3 572	62 746
					160	62 746
		700	10 681	8,0	128	1 069
					128	4 737
					3 206	10 681
					128	10 681
24a	4982	550	18 764	30,9	930	2 738
					930	18 764
		600	46 612	16,5	334	4 792
					80	4 792
					4 792	46 612
					80	46 612
		700	32 155	4,0	32	860
					120	1 661
					120	4 672
					13 737	32 155
					120	32 155
					32	32 155
132b	–	700	17 502	5,6	84	3 740
					3 740	17 502
					84	17 502

Nach Gleichung (1)			Nach Gleichung (2)			
errechnete Spannung σ_t' [kg/mm²]	Verhältnis σ_t'/σ_t	$\sigma_B'{}_{100\,000}$ [kg/mm²]	errechnete Spannung σ_t'' [kg/mm²]	Verhältnis σ_t''/σ_t	$_B''{}_{100\,000}$ [kg/mm²]	Unsicherheitsfaktor s
11,3	1,41	10,3	8,4	1,05	7,0	1,018
8,1	1,01	6,8				
			8,2	1,02	6,9	1,021
5,1	1,04	2,9				
4,9	–	2,7				
			4,7	0,96	2,1	1,039
			16,2	1,02	14,6	1,009
18,9	1,19	18,0				
15,9	–	14,4				
			16,0	1,01	14,4	1,009
7,3	–	3,2				
7,7	1,05	4,8				
			7,5	1,03	3,7	1,024
6,1	1,25	4,0	5,4	1,10	2,9	1,034
4,9	1,00	2,6				
			5,0	1,02	2,5	1,041
12,6	1,26	11,6				
10,0	–	8,9				
			9,8	0,98	8,5	1,035
7,4	0,93	4,5				
			7,6	0,95	3,9	1,054
8,1	1,01	5,2	8,0	1,00	4,9	
			7,7	0,96	4,1	1,079
35,0	1,13	32,0	34,3	1,11	30,1	–
31,2	1,01	26,5	31,1	1,01	25,3	1,016
14,0	0,85	12,3				
			12,2	0,75	10,0	1,001
16,5	–	15,3				
16,0	0,97	14,4	15,5	0,94	13,3	1,069
6,6	1,65	5,5				
			4,4	1,10	3,0	1,046
			4,2	1,05	2,8	1,041
4,0	–	2,6				
			4,1	1,02	2,8	1,039
			4,1	1,02	2,7	1,038
8,5	1,52	5,7	7,3	1,30	3,8	1,068
5,9	1,05	2,8				
			6,2	1,11	3,0	1,080

Von den 68 untersuchten Kurven haben dabei 47, also fast 70%, einen kleineren Unsicherheitsfaktor als 1,05 und 63 (93%) einen kleineren Unsicherheitsfaktor als 1,10. Daraus ist zu entnehmen, daß die Gl. (2) durchaus geeignet ist, Zeitstandlinien darzustellen; wenn größere Unsicherheitsfaktoren auftreten, so wäre von Fall zu Fall zu überprüfen, ob nicht die Streuung einzelner Versuchspunkte diesen Faktor zu ungünstig beeinflußt. Wenn solche Streuungen vorkommen, so wird auch keine andere mathematische Funktion eine befriedigende Erfassung aller Versuchspunkte erlauben. Oft erkennt man die Streuung bereits bei der zeichnerischen Auftragung der Punkte, ohne daß man aber immer sagen kann, welcher Punkt als Streupunkt anzusehen ist. Beispiele hierfür zeigen die Abb. 7 und 8. Für die Gl. (1) hat die Berechnung eines Unsicherheitsfaktors wenig Bedeutung, da er durch die Abknickung der Zeitstandlinien beliebig klein gehalten werden kann.

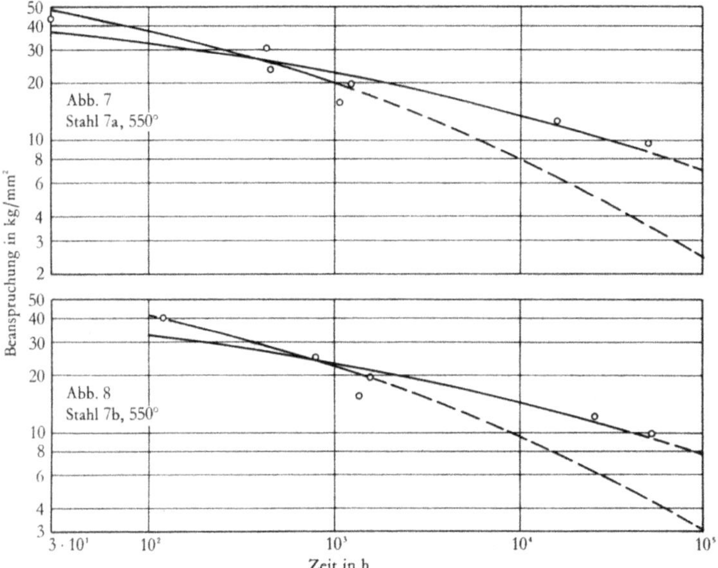

Abb. 7–8 Zeitstandkurven mit Streuungen der Versuchspunkte, die eine Extrapolation erschweren

Um die Extrapolation der Zeitbruchlinien aus kurzen Versuchszeiten zu vergleichen, wurden möglichst die gleichen Zeitabschnitte für die Rechnungen nach den Gl. (1) und (2) ausgewählt, wenn nicht, stehen die Ergebnisse in Tab. 2 in verschiedenen Zeilen. Der Auswertung der längsten Versuche, also des letzten »linearen Abschnittes« nach Gl. (1) wurde in der nächsten Zeile stets die Auswertung aller Versuchspunkte nach Gl. (2) gegenübergestellt.

Bei den Verhältniszahlen σ_t'/σ_t ist zu beachten, daß bei der Auswertung der Versuchspunkte nach der linearen Gl. (1) für den letzten Geradenabschnitt oft nur

22

zwei Versuchspunkte vorlagen. Dann muß die Ausgleichsgerade durch den letzten Versuchspunkt t; σ_t gehen und die Verhältniszahl 1,00 sein; diese Zahlen sind fortgelassen. Auch wenn drei Versuchspunkte für diesen Abschnitt vorliegen, wird die Zahl nur wenig von 1,00 abweichen. Für eine Bewertung der Extrapolation mit Hilfe der Verhältniszahlen σ_t'/σ_t sind daher nicht diese Zahlen, sondern in erster Linie die aus den ersten Zeilen jeder Versuchsreihe, d. h. die aus den kürzeren Zeitabschnitten berechneten Zahlen, maßgebend. Bei der Verhältniszahl σ_t''/σ_t für die quadratische Gleichung sind jedoch stets eine größere Anzahl von Versuchspunkten bei der Durchrechnung des Gesamtabschnittes benutzt worden, so daß hier die Verhältniszahl für den Gesamtbereich anders zu bewerten ist. Aber auch hier soll Anfangskurve und Gesamtkurve getrennt behandelt werden.

In den Abb. 9 und 10 sind die aus Extrapolation nach der linearen Gl. (1) und der quadratischen Gl. (2) berechneten Verhältniszahlen σ_t'/σ_t und σ_t''/σ_t in Abhängigkeit

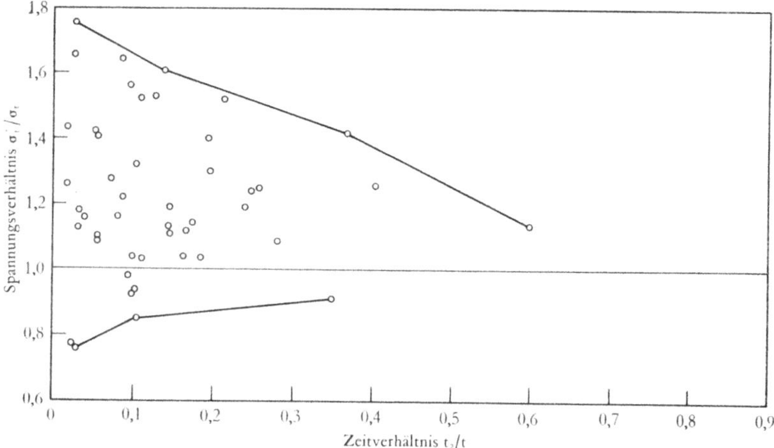

Abb. 9   Verhältnis der berechneten Spannung σ_t' zur tatsächlichen Spannung σ_t in Abhängigkeit vom Zeitverhältnis der Extrapolation bei Anwendung der linearen Gleichung (1)

von dem Verhältnis der Versuchszeiten der Anfangskurven t_2 zu den Gesamtzeiten t aufgetragen. Nach beiden Abbildungen treten für die Extrapolation aus kurzen Versuchszeiten recht ungleichmäßige Werte auf. Die Abb. 9 zeigt, daß bei der Anwendung der *linearen Gleichung* vorzugsweise Verhältniszahlen σ_t'/σ_t über 1 vorkommen, und daß diese Zahlen um so größer sind, je kürzer die Versuchszeiten sind. Die größte Verhältniszahl ist 1,75, allerdings bei einem Zeitverhältnis von 0,03, doch wird auch bei einem Zeitverhältnis von 0,37 noch eine Verhältniszahl der Spannungen σ_t'/σ_t von 1,42 gefunden. Nur wenige Zahlen liegen unter 1, und nur 40% der berechneten Spannungen weichen von dem tatsächlichen Wert um weniger als $\pm$ 15% ab. *Die Extrapolation nach der linearen*

Im Gegensatz dazu stimmen bei Anwendung der *quadratischen* Gl. (2), Abb. 10,
fast 60% der errechneten Spannungen σ_t'' auf $\pm$ 15% mit der wirklichen Spannung
σ_t überein. Der Bereich der gefundenen Verhältniszahlen ist wesentlich kleiner

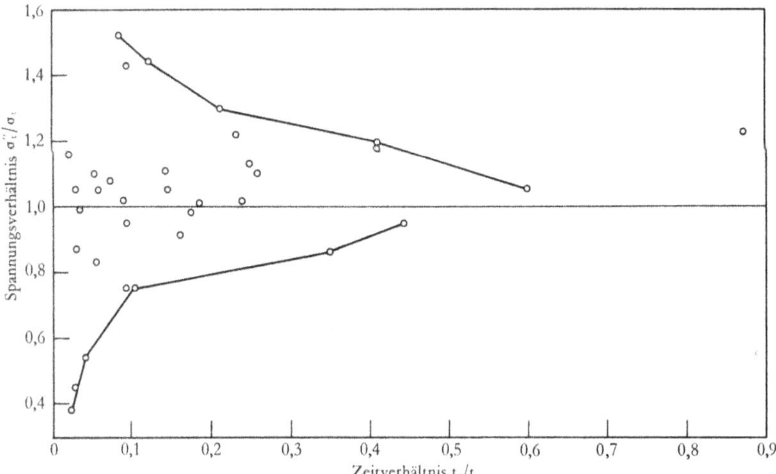

Abb. 10   Verhältnis der berechneten Spannung σ_t'' zur tatsächlichen Spannung σ_t
in Abhängigkeit vom Zeitverhältnis der Extrapolation bei Anwendung der
quadratischen Gleichung (2)

und vor allem nach oben und unten verteilt, wenn auch die Werte über 1 für die
Verhältniszahl überwiegen. Abweichungen über 20% treten mit wenigen Ausnahmen erst bei Extrapolationen aus Zeitverhältnissen von 0,12 und darunter auf.

Die Verhältniszahlen, die außerhalb des Bereiches 1 $\pm$ 0,15 liegen, gehören
größtenteils zu Versuchsreihen, bei denen Streuungen in den Versuchspunkten
vorhanden sind. Bei den Stählen 7a, 7b (Abb. 7 und 8) und 18a, die die niedrig-
sten Verhältniszahlen aufweisen, liegt jedesmal einer der für die Extrapolation
benutzten Versuchspunkte so tief, daß hierdurch die berechnete Kurve stark
nach niedrigen Werten verschoben wird. Dies wirkt sich übrigens auch bei Aus-
führung der Extrapolation mittels der linearen Gleichung aus. Bei den Stählen
15a und 17a mit den höchsten Verhältniszahlen hingegen liegt die umgekehrte
Vermutung nahe; in bezug auf die späteren Versuchspunkte zeigen die ersten,
zur Extrapolation benutzten Punkte einen geringeren Einfluß der Spannung
auf die Bruchzeit, so daß die berechnete Kurve zu hohe Werte ergibt.
Solche Streuungen in den Versuchspunkten bewirken, daß der mittlere quadratische Fehler und damit der Unsicherheitsfaktor s anwächst. Bleibt der Faktor s
unter 1,04, so kann man damit rechnen, daß die Verhältniszahlen σ_t''/σ_t in den

24

angegebenen Grenzen von 1 $\pm$ 0,15 bleiben. Dies gilt natürlich nicht, wenn nur zwei Versuchspunkte vorliegen, da dann die berechnete Kurve genau durch die Versuchspunkte gehen und also s = 1,00 (in der Tafel fortgelassen) werden muß, wie es für 3 Reihen mit Verhältniszahlen über 1,40 der Fall ist. Dann sind Streuungen nicht aus dem Wert s zu erkennen.

Wenn man für die Bestimmung des Faktors s nicht nur die Fehler der in die Rechnung eingesetzten Anfangsversuchspunkte benutzt, sondern auch die Fehler der zunächst extrapolierten Punkte hinzunimmt, so wird der Unsicherheitsfaktor s_{gesamt} meist größer als s. In Abb. 11 ist dieser Faktor in Abhängigkeit von dem Zeitverhältnis der Extrapolation t_2/t aufgetragen. $^4/_5$ der Versuchsreihen haben einen kleineren Faktor s_{gesamt} als 1,15, und alle Reihen, bei denen s_{gesamt} größer ist, sind auf mehr als das 8fache der Zeit t_2 extrapoliert.

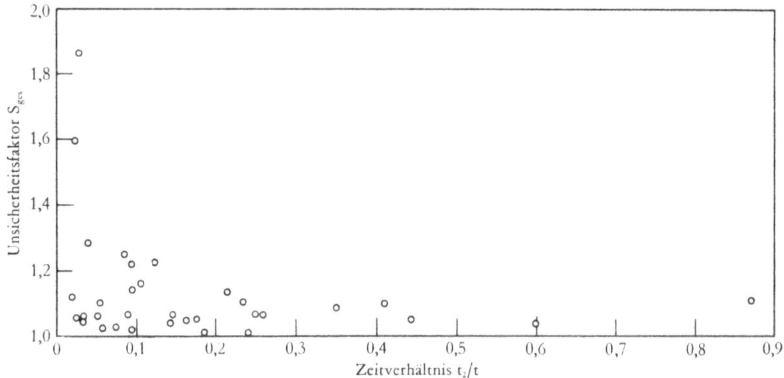

Abb. 11   Mittlere Unsicherheit der berechneten Spannungen in Abhängigkeit von dem Zeitverhältnis der Extrapolation

Die Anwendung der quadratischen Gl. (2) bringt also für eine Extrapolation von Zeitstandwerten eine größere Sicherheit als die der linearen Gl. (1), wenn man den längsten ausgeführten Versuch zum Vergleich heranzieht. Die Berechnung des mittleren quadratischen Fehlers gestattet, Streupunkte zu erkennen, und gibt ein Maß für die Sicherheit der Extrapolation.

Eine ähnliche Untersuchung der in der gleichen Weise berechneten 100 000-Stunden-Werte in Tab. 2 kann nicht durchgeführt werden, da gemessene 100 000-Stunden-Werte nicht vorliegen und für einen Vergleich die sichere Bezugsgrundlage fehlt. Es kann daher nur die allgemeine Richtung für die berechneten 100 000-Stunden-Werte hervorgehoben werden:

a) Bei Ansatz der linearen Gleichung für die einzelnen Abschnitte der Zeitbruchlinien erhält man um so niedrigere Werte, je längere Versuchszeiten berücksichtigt werden. Extrapolationen aus Versuchszeiten von 2000 bis 5000 Stunden ergeben meist Werte, die, nach dem längsten ausgeführten Versuch zu urteilen, offensichtlich zu hoch sind.

b) Bei Ansatz einer quadratischen Gleichung erhält man meist niedrigere Werte als bei Ansatz einer linearen Gleichung unter Berücksichtigung der letzten Versuchspunkte, wenn Versuchsreihen von 30 000 bis 50 000 Stunden betrachtet werden.

c) Bei Extrapolation von Versuchen über 2000 bis 5000 Stunden nach der quadratischen Gleichung erhält man Werte, die zum erheblichen Teil um nicht mehr als $\pm$ 20% von denen abweichen, die aus den Langzeitversuchen nach der linearen und der quadratischen Gleichung berechnet worden sind. Die Abweichungen sind etwa gleichmäßig nach oben und unten verteilt; größere Abweichungen hängen oft mit Streuungen in den Versuchsreihen zusammen.

Die Benutzung der quadratischen Gleichung läßt also mindestens erwarten, daß grobe Fehler bei der Berechnung von $\sigma_{B\,100\,000}$ mit größerer Sicherheit vermieden werden, als bei geradliniger Verlängerung der Versuchspunkte.

d) Temperaturabhängigkeit der Festwerte

An diese Diskussion der in Tab. 2 enthaltenen Rechenergebnisse sei auch eine Betrachtung angeschlossen, welche Festwerte in den Gl. (1) und (2) auftreten und wie sich diese mit den Temperaturen ändern. Die Festwerte sind von Werkstoff zu Werkstoff recht unterschiedlich, weshalb die Betrachtung auf diejenigen beschränkt wird, bei denen Versuchsreihen für zwei oder mehr Temperaturen vorliegen, und die mit beiden Gl. (1) und (2) untersucht sind; es sind dies sieben ferritische und vier austenitische Stähle. In den Abb. 12 und 13 sind die Festwerte für diese Werkstoffe in Abhängigkeit von der Temperatur aufgetragen, und zwar sind für die lineare Gleichung jeweils die letzten Zeitabschnitte der Versuchsreihen, für die quadratische Gleichung die gesamten Versuchsreihen ausgewertet. Der Festwert a der *linearen Gleichung*, Abb. 12a und b, sollte eigentlich dem Logarithmus der Spannung für die Zeit t = 1 h entsprechen. Wie das Bild zeigt, sind aber für die insgesamt 11 Werkstoffe diese Werte zu hoch, bis weit über 100 kg/mm², und es ist kein einheitlicher Gang des Festwertes a mit der Temperatur vorhanden. Sowohl für einige ferritische als auch für einige austenitische Stähle steigt a mit der Temperatur, bei anderen fällt er. Der Festwert b, der die Neigung der Geraden angibt, steigt dagegen in den meisten Fällen mit der Temperatur, nur bei zwei austenitischen Stählen fällt er etwas. Die Ursache für dieses ungleiche Verhalten wird darin gesucht, daß beide Festwerte a und b nicht unabhängig voneinander sind. Mit hohen Werten von b sind auch hohe Werte von a verbunden, so daß die Tendenz der Zeitbruchlinien, mit der Temperatur zu fallen, hierdurch überdeckt wird, und eine klare Temperaturabhängigkeit nur erhalten werden könnte, wenn auch vergleichbare Zeitabschnitte verglichen werden; dies konnte hier nicht immer der Fall sein.

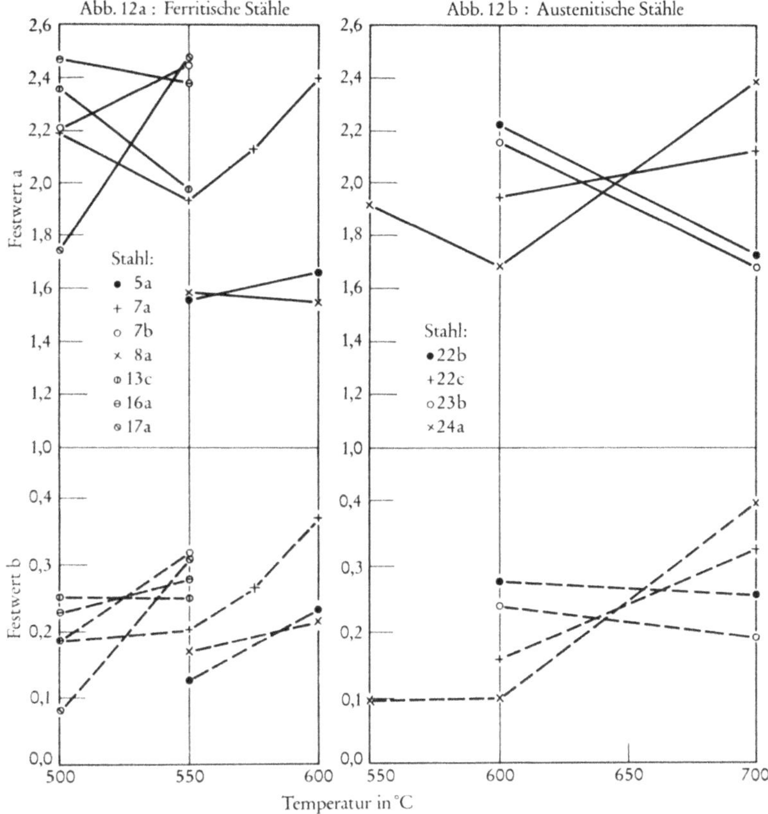

Abb. 12a und b   Änderung der Festwerte der linearen Gleichung $\log \sigma = a - b \log t$ mit der Temperatur für einige Stähle

Die Festwerte der *quadratischen Gl. (2)*, Abb. 13a und b, zeigen demgegenüber einen übersichtlicheren Verlauf. Der Festwert a fällt, mit zwei Ausnahmen, mit der Temperatur, der Festwert c, der ein Maß für die Krümmung darstellt, steigt mit ihr an. Dabei sind die Werte des Stahles 7a bei 575° C als Ausreißer zu betrachten; für diese Versuchsreihe liegen auch nur Versuche verhältnismäßig kurzer Dauer vor, wesentlich kürzer als bei den anderen Temperaturen. Die Festwerte der austenitischen Stähle fügen sich zwanglos an die der ferritischen Stähle an. Die Größenordnung des Festwertes a, der bei der Gl. (2) an sich dasselbe bedeutet wie bei der Gl. (1), liegt eher in der richtigen Größenordnung als bei der linearen Gleichung, wie aus einem Vergleich beider Bilder hervorgeht.

Die in den Abb. 12 und 13 wiedergegebenen Festwerte können nicht als kennzeichnend für alle Werkstoffe gelten. Sie mögen aber ein Anhalt sein, wenn Versuchswerte anderer Werkstoffe einer Ergänzung bedürfen.

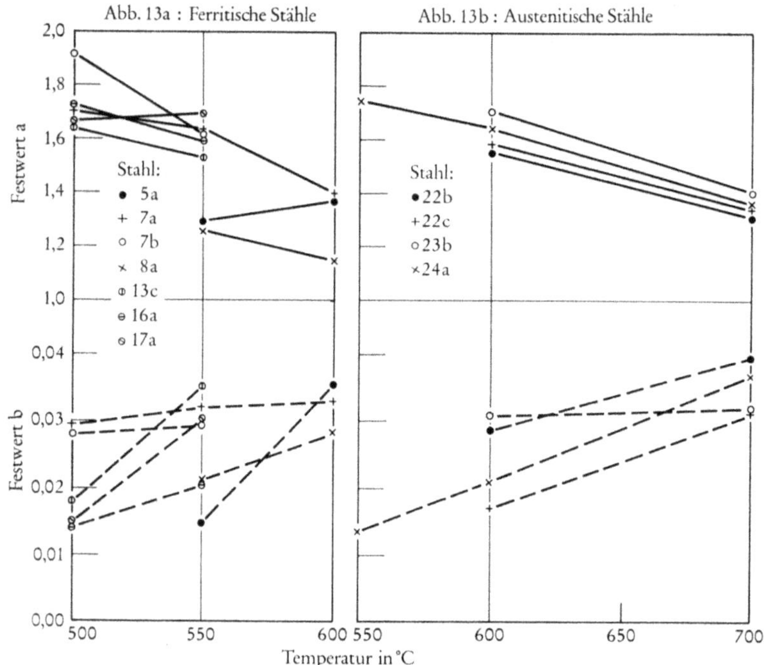

Abb. 13a und b   Änderung der Festwerte der quadratischen Gleichung
$\log \sigma = a - c\,(\log t)^2$ mit der Temperatur für einige Stähle

e) Extrapolation mit quadratischer Gleichung und linearem Glied

An sich hätte es nahegelegen, anstelle der reinen quadratischen Gl. (2) eine quadratische Gleichung mit einem linearen Glied

$$\log \sigma = a - b \log t - c(\log t)^2 \tag{3}$$

anzusetzen. Diese Form sollte sich dadurch, daß sie einen Festwert mehr enthält, den Versuchspunkten besser anschmiegen können als die Gl. (2), in der der Faktor $b = 0$ gesetzt ist. Es zeigte sich aber, daß dieser Ansatz nur sehr beschränkt brauchbar ist. Nach dem Aussehen der meisten, versuchsmäßig bestimmten Zeitstandlinien, in denen eine fortlaufende Zunahme der Versuchszeiten mit niedriger werdender Spannung beobachtet wird, kommt für die rechnerische Darstellung eine Parabel in Frage, die nach unten offen ist und deren Scheitelpunkt bei $\log t \leq 0$ liegt. Diese Forderung erfüllt der Ansatz nach Gl. (2). Die Durchrechnung von 23 Beispielen der Tab. 2 unter Anwendung der Methode der kleinsten Fehlerquadrate zeigte nun, daß auf diese Weise zwar für die Gl. (3) Festwerte bestimmt werden können, die kleinere Summen der Fehlerquadrate ergaben als die Gl. (2), daß aber die Forderungen an das grundsätzliche Aussehen

28

der Kurven oft nicht erfüllt werden und daß dann außerhalb der Versuchspunkte die Übereinstimmung mit dem zu erwartenden Verlauf der Zeitstandlinien nicht ausreichend ist.

Eine gute Anpassung der berechneten Linie an eine versuchsmäßig ermittelte Zeitstandlinie verlangt nämlich, daß die beiden Faktoren b und c in Gl. (3) positiv sind. Dann ist der Scheitelpunkt der Parabel und damit der Höchstwert für die Spannung im negativen Gebiet von log t, also dem Gebiet, das durch die Gleichung nicht mehr erfaßt werden soll, und die Parabel ist nach unten offen. Bei den durchgerechneten 23 Beispielen ergab sich jedoch für 8 Beispiele der Faktor c negativ, für 11 Beispiele der Faktor b negativ. Ein negativer Faktor c bedeutet, daß die Parabel nach oben offen ist, also entgegengesetzt gekrümmt ist; ein negativer Faktor b besagt, daß der Scheitelpunkt der Parabel bei positiven Werten von log t liegt, falls gleichzeitig c positiv ist. So erfüllen nur 4 der 23 Beispiele die Forderung, die von vornherein an die Größenordnung der Festwerte zu stellen ist. Nur diese 4 Kurven würden daher eine allgemeine Abschätzung der Größe der Faktoren b und c erlauben. Bei den übrigen 19 stimmt die berechnete Kurve wohl im Bereich der Versuchspunkte, aber nicht außerhalb derselben, also für kurze oder lange Versuchszeiten mit den Erwartungen überein; in einigen dieser Beispiele, bei denen Versuchspunkte für mittlere Zeiten fehlen, tritt dort für die berechneten Kurven ein Höchstwert auf, der nicht der Wirklichkeit entsprechen dürfte.

Die 23 Beispiele zeigen also, daß sich nach der Methode der kleinsten Fehlerquadrate eine Kurve nach Gl. (3) nicht mit der Sicherheit berechnen läßt, wie es sich für die Gl. (2) ergeben hat; es wurde daher auch von einer bildlichen oder tabellarischen Wiedergabe der Rechenergebnisse abgesehen.

III. Zusammenfassung

47 Zeitstandkurven ferritischer und austenitischer Stähle, die bei Temperaturen von 500 bis 700°C im Versuch gefunden worden waren, wurden mit Hilfe der Gleichungen:

$$\log \sigma = a - b \log t \quad \text{und} \tag{1}$$

$$\log \sigma = a - c (\log t)^2 \tag{2}$$

auf ihre Extrapolationsmöglichkeiten untersucht. Während die Gl. (1) bei der Extrapolation meist zu hohe Werte liefert und so zu einer Überbewertung der Werkstoffe führt, ist mit der Gl. (2) eine bessere Übereinstimmung zu erzielen, auch sind die Extrapolationsfehler nach oben und unten verteilt. Größere Abweichungen bei der Extrapolation sind meist mit Streuungen der Versuchspunkte verbunden. Die Gleichungen wurden daher auch zur Berechnung der 100 000-Stunden-Zeitstandfestigkeit benutzt. Die Gl. (3)

$$\log \sigma = a - b (\log t) - c (\log t)^2$$

führte mehrfach auf unwahrscheinliche Werte außerhalb der betrachteten Versuchspunkte.

Dr.-Ing. habil. ALFRED KRISCH

Literaturverzeichnis

[1] Andrade, E. N. Da C., Proc. roy. Soc. A, 84 (1910) S. 1; A, 90 (1914) S. 329. – s. a. Rotherham, L., Creep of Metals. London 1951.

[2] Zum Beispiel zur Bestimmung der DVM-Kriechgrenze nach DIN 50 117; vgl. auch Pomp, A., und W. Enders, Mitt. K. – Wilh.-Inst. Eisenforschg. 12 (1930) S. 127–147; Schmitz, H., Stahl u. Eisen 55 (1935) S. 1523–1534; Krisch, A., Arch. Eisenhüttenwes. 20 (1949) S. 395–399 (Mitt. Max-Planck-Inst. Eisenforschg., Abh. 506).

[3] Neben zahlreichen, meist noch nicht veröffentlichten Versuchen der deutschen Stahlwerke und wissenschaftlichen Institute sind hier die Arbeiten des Langzeitausschusses der Fachgemeinschaft Kraftmaschinen, des Vereins Deutscher Eisenhüttenleute, der Vereinigung der Großkesselbesitzer und des Wasserrohrkessel-Verbandes zu nennen; siehe Richard, K., Arch. Eisenhüttenwes. 28 (1957) S. 245–246; Jahn, E., ebenda S. 259–267; Holdt, H., und P. Grün, ebenda S. 269–285; Bungardt, K., ebenda S. 287–304, sowie Richard, K., Arch. Eisenhüttenwes. 33 (1962) S. 27–28; Bettzieche, P., ebenda S. 29–34; Fabritius, H., ebenda S. 35–47; von den Steinen, A., ebenda S. 49–60.

[4] White, A. E., C. L. Clark und R. L. Wilson, Trans. Amer. Soc. Metals 26 (1938) S. 52–80, vgl. Stahl u. Eisen 58 (1938) S. 554–555.

[5] Thielemann, R. H., und E. R. Parker, Amer. Inst. min. metallurg. Engrs., Techn. publ. No. 1034, 18 S., Metals Techn. 6 (1939) No. 3, vgl. Stahl u. Eisen 60 (1940) S. 325.

[6] Thielemann, R. H., Trans. Amer. Soc. Metals 29 (1941) S. 355–372, vgl. Stahl u. Eisen 61 (1941) S. 504; 62 (1942) S. 571–572.

[7] Wheeler, A. W., Trans. Amer. Soc. mech. Engrs. 63 (1941) S. 655–668, vgl. Stahl u. Eisen 63 (1943) S. 586.

[8] Thum, A., und K. Richard, Mitt. Vereinigung Großkesselbesitzer, Heft 85 (1941) S. 171–197.

[9] Dies., Arch. Eisenhüttenwes. 15 (1941/42) S. 33–45.

[10] Dies., Z. VDI 87 (1943) S. 513–520.

[11] Larson, F. R., und J. Miller, Trans. Amer. Soc. mech. Engrs. 74 (1952) S. 765–771.

[12] Manson, H. F., und A. M. Haferd, Nat. Advisory Com. Aeronautics, Techn. Note 2890 (1953).

[13] Orr, R. L., O. D. Sherby und J. E. Dorn, Trans. Amer. Soc. Metals 46 (1954) S. 113–128.

[14] Krisch, A., und W. Wepner, Arch. Eisenhüttenwes. 28 (1957) S. 339–344 (Mitt. Max-Planck-Inst. Eisenforschg., Abh. 713).

FORSCHUNGSBERICHTE
DES LANDES NORDRHEIN-WESTFALEN

Herausgegeben im Auftrage des Ministerpräsidenten Dr. Franz Meyers
von Staatssekretär Prof. Dr. h. c., Dr.-Ing. E. h. Leo Brandt

HÜTTENWESEN · WERKSTOFFKUNDE

HEFT 170
Prof. Dr. F. Wever, Dr. A. Rose und Dipl.-Ing.
L. Rademacher, Düsseldorf
Anwendung der Umwandlungsschaubilder auf
Fragen der Werkstoffauswahl beim Schweißen und
Flammhärten
1955, 64 Seiten, 25 Abb., DM 13,70

HEFT 205
Dr. C. Schaarwächter, Düsseldorf
Über plastische Kupfer-Eisen-Phosphor-Legierungen
1956, 36 Seiten, 10 Abb., 10 Tabellen, DM 8,30

HEFT 227
Prof. Dr. F. Wever, Düsseldorf und Dr. W. Wepner,
Köln
Untersuchung der Alterungsneigung von weichen
unlegierten Stählen durch Härteprüfung bei
Temperaturen bis 300°C
1956, 34 Seiten, 20 Abb., 3 Tabellen, DM 7,95

HEFT 228
Prof. Dr. F. Wever, Dr. W. Koch, Düsseldorf
und Dr. B. A. Steinkopf, Dortmund
Spektrochemische Grundlagen der Analyse von
Gemischen aus Kohlenmonoxyd, Wasserstoff und
Stickstoff
1956, 42 Seiten, 18 Abb., 1 Tabelle, DM 9,90

HEFT 229
Prof. Dr. F. Wever, Dr. W. Koch und
Dr.-Ing. H. Malissa, Düsseldorf
Über die Anwendung disubstituierter Dithiocarbamate der analytischen Chemie
1956, 44 Seiten, 30 Abb., 5 Tabellen, DM 10,50

HEFT 230
Prof. Dr. F. Wever, Düsseldorf und Dr. W. Wepner,
Köln
Bestimmung kleiner Kohlenstoffgehalte im Alpha-
Eisen durch Dämpfungsmessung
1956, 34 Seiten, 5 Abb., 2 Tabellen, DM 7,70

HEFT 234
Dr.-Ing. K. G. Speith und Dr.-Ing. A. Bungeroth,
Duisburg
Versuche zur Steigerung des Kokillen-Schluck-
vermögens beim Stranggießen von Stahl
1956, 26 Seiten, 5 Abb., DM 6,15

HEFT 244
Prof. Dr. F. Wever, Dr. W. Koch und
Dr. S. Eckhard, Düsseldorf
Erfahrungen mit der spektrochemischen Analyse
von Gefügebestandteilen des Stahles
1956, 32 Seiten, 8 Abb., 2 Tabellen, DM 7,80

HEFT 263
Prof. Dr. H. Lange und Dipl.-Phys. R. Kohlhaas, Köln
Über die Wärmeleitfähigkeit von Stählen bei hohen
Temperaturen: Teil I: Literaturbericht
1956, 48 Seiten, 26 Abb., 8 Tabellen, DM 10,70

HEFT 268
Prof. Dr.-Ing. G. Vogelpohl, Göttingen
Über die Tragfähigkeit von Gleitlagern und ihre
Berechnung
1956, 76 Seiten, 24 Abb., 7 Tabellen, DM 16,85

HEFT 283
Prof. Dr. F. Wever und Dr.-Ing. W. Lueg, Düsseldorf
Warmstauchversuche zur Ermittlung der Formänderungsfestigkeit von Gesenkschmiede-Stählen
1956, 44 Seiten, 19 Abb., DM 9,90

HEFT 288
Dr. K. Brücker-Steinkuhl, Düsseldorf
Anwendung mathematisch-statischer Verfahren in
der Industrie
1956, 103 Seiten, 27 Abb., 14 Tabellen, DM 24,20

HEFT 290
Dr. D. Horstmann, Düsseldorf
I. Der verstärkte Angriff des Zinks auf Eisen im
Temperaturgebiet um 500°C
II. Einfluß eines Antimongehaltes auf den Angriff
von Zinkschmelzen auf Eisen
1956, 36 Seiten, 33 Abb., 3 Tabellen, DM 11,90

HEFT 291
Dr.-Ing. H. J. Wiester und Dr. D. Horstmann,
Düsseldorf
Der Angriff eisengesättigter Zinkschmelzen auf
silizium- und manganhaltiges Eisen
1956, 52 Seiten, 45 Abb., 8 Tabellen, DM 12,60

HEFT 311
Prof. Dr. F. Wever und Dr. M. Hempel,
Düsseldorf
Dauerschwingfestigkeit von Stählen bei erhöhten
Temperaturen
Teil I: Erkenntnisse aus bisherigen Dauerschwing-
versuchen in der Wärme
1956, 40 Seiten, 19 Abb., 2 Tabellen, DM 10,50

HEFT 312
Prof. Dr. F. Wever und Dr. M. Hempel, Düsseldorf
Dauerschwingfestigkeit von Stählen bei erhöhten
Temperaturen
Teil II: Zug-Druck-Dauerschwingversuche an
zwei warmfesten Stählen bei Temperaturen von
500 bis 650°
1956, 48 Seiten, 20 Abb., 3 Tabellen, DM 13,—

HEFT 313
Prof. Dr. F. Wever, Dr. W. Koch und
Dipl.-Phys. H. Rohde, Düsseldorf
Änderungen des Habitus und der Gitterkonstanten
des Zementits in Chromstählen bei verschiedenen
Wärmebehandlungen
1956, 76 Seiten, 29 Abb., 8 Tabellen, DM 20,90

HEFT 314
Prof. Dr. F. Wever, Dr.-Ing. A. Krisch, Düsseldorf
und Dr.-Ing. H.-J. Wiester, Essen
Veränderungen im Gefügeaufbau von Chrom-
Nickel-Molybdän-Stählen bei langzeitiger Beanspruchung im Zeitstandversuch bei 500°
1956, 48 Seiten, 26 Abb., 5 Tabellen, DM 11,70

HEFT 315
Prof. Dr. F. Wever und Dr.-Ing. A. Krisch,
Düsseldorf
Metallkundliche Untersuchungen an Zeitstand-
proben *1956, 38 Seiten, 12 Abb., DM 9,15*

HEFT 336
Dr. Tung-ping Yao, Aachen
Die Viskosität metallischer Schmelzen
  1957, 64 Seiten, 28 Abb., 2 Tabellen, DM 14,40

HEFT 342
Prof. Dr.-Ing. H. Winterhager und
Dipl.-Ing. W. Barthel, Aachen
Die Gewinnung von Titanschlackenkonzentraten
aus eisenreichen Ilemniten
  1957, 60 Seiten, 30 Abb., 6 Tabellen, DM 13,30

HEFT 348
Prof. Dr.-Ing. E. Piwowarsky †
und Dr.-Ing. E. G. Nickel, Aachen
Metallurgie eines hochwertigen Gußeisens mit
kompakter bis kugelförmiger Graphitausbildung
  1957, 54 Seiten, 27 Abb., 5 Tabellen, DM 13,30

HEFT 349
Dr.-Ing. W. A. Fischer, Dr.-Ing. H. Treppschuh
und Dr.-Ing. K. H. Köthemann, Düsseldorf
Tiegel aus Schmelzmagnesia für Vakuuminduk-
tionsöfen *1957, 34 Seiten, 14 Abb., DM 8,40*

HEFT 367
Dr. rer. nat. D. Horstmann, Düsseldorf
Der Angriff eisengesättigter Zinkschmelzen auf
kohlenstoff-, schwefel- und phosphorhaltiges Eisen
  1957, 52 Seiten, 22 Abb., 6 Tabellen, DM 12,85

HEFT 392
Prof. Dr. phil. F. Wever, Dr. phil. W. Koch,
Düsseldorf, Dr.-Ing. H. Knüppel,
Dr. rer. nat. B. A. Steinkopf, Dipl.-Ing. K. E.
Mayer und Dipl.-Phys. G. Wiethoff, Dortmund
Untersuchungen über den Konverterrauch im Hin-
blick auf die spektrale Überwachung des Thomas-
prozesses
  1957, 48 Seiten, 14 Abb., 4 Tabellen, DM 12,10

HEFT 407
Prof. Dr.-Ing. H. Schenk, Aachen und
Dr.-Ing. W. Wenzel, Bad Godesberg
Entwicklungsarbeiten auf dem Gebiete der Ver-
hüttung von Erzstaub in Schmelzkammern
  1957, 82 Seiten, 9 Abb., 18 Tabellen, DM 17,10

HEFT 408
Prof. Dr. phil. F. Wever, Dr.-Ing. W. Lueg und
Dr.-Ing. H. G. Müller, Düsseldorf
Kraft- und Arbeitsbedarf beim Warmscheren von
Stahl in Abhängigkeit von Temperatur und
Schnittgeschwindigkeit
  1957, 46 Seiten, 15 Abb., 3 Tabellen, DM 11,35

HEFT 409
Prof. Dr. phil. F. Wever, Dr. phil. W. Koch, Dr. rer.
nat. Ch. Ilschner-Gensch und Dipl.-Phys. H. Rohde,
Düsseldorf
Das Auftreten eines kubischen Nitrids in alumini-
umlegierten Stählen
  1957, 38 Seiten, 12 Abb., 3 Tabellen, DM 10,10

HEFT 410
Prof. Dr. phil. F. Wever, Prof. Dr. rer. techn.
A. Kochendörfer, Dr. phil. nat. M. Hempel, Düssel-
dorf und Dipl.-Phys. E. Hillenhagen, Köln
Biegewechselversuche mit Flachproben aus Alpha-
Eisen-Einkristallen zur Bestimmung der Wechsel-
festigkeit und der Gleitspuren
  1957, 112 Seiten, 58 Abb., 3 Tabellen, DM 30,—

HEFT 455
Dr.-Ing. W. A. Fischer, Dr.-Ing. H. Treppschuh und
Dipl.-Phys. K. H. Köthemann, Düsseldorf
Erschmelzung von Reinsteisen nach dem Kohlen-
stoffproduktionsverfahren und Kerbschlagzähig-
keit-Temperatur-Kurven dieses Eisens
  1957, 38 Seiten, 7 Abb., 6 Tabellen, DM 9,35

HEFT 456
Priv.-Doz. Dir. Dr.-Ing. K. Bungardt, Essen
Zeitstandversuche an austenitischen Stählen und
Legierungen
  1958, 84 Seiten, 3 Abb., 4 Tabellen, DM 19,85

HEFT 457
Prof. Dr. phil. F. Wever, Düsseldorf und
Dr. phil. W. Wepner, Köln
Dämpfungsmessungen an schwach gereckten Eisen-
Kohlenstoff-Legierungen
  1957, 34 Seiten, 7 Abb., 3 Tabellen, DM 8,40

HEFT 458
Prof. Dr.-Ing. H. Schenk, Dr.-Ing. E. Schmidtmann,
Aachen, Dr.-Ing. H. Kosmider, Dr.-Ing. H. Neuhaus
und Dr.-Ing. A. Krüger, Haspe
Das Frischen von Thomas-Roheisen mit Sauerstoff-
Wasserdampf-Gemischen und die Eigenschaften
der damit erblasenen Stähle
  1957, 62 Seiten, 56 Abb., DM 16,35

HEFT 459
Prof. Dr. phil. F. Wever, Dr. phil. O. Krisement und
H. Schädler, Düsseldorf
Ein isothermes Mikrokalorimeter zur kinetischen
Messung von Umwandlungs- und Ausscheidungs-
vorgängen in Legierungen
  1957, 32 Seiten, 14 Abb., DM 10,75

HEFT 460
Prof. Dr. phil. F. Wever und Dr. rer. nat. B. Ilschner,
Düsseldorf
Ein isothermes Lösungskalorimeter zur Bestim-
mung thermo-dynamischer Zustandsgrößen von
Legierungen
  1957, 32 Seiten, 7 Abb., 4 Tabellen, DM 10,40

HEFT 461
Prof. Dr.-Ing. habil. E. Piwowarsky †,
Prof. Dr.-Ing. W. Patterson und Dipl.-Ing. F. W. Iske,
Aachen
Verbesserung der Zähigkeitseigenschaften von
Bessemer-Stahlguß
1958, 54 Seiten, 15 Abb., 16 Tabellen, DM 12,75

HEFT 492
Prof. Dr. phil. J. Meixner und Dr. B. Manz, Aachen
Zur Theorie der irreversiblen Prozesse in α-Eisen
1958, 22 Seiten, 1 Abb., DM 5,70

HEFT 519
Prof. Dr. phil. F. Wever, Dr. phil. W. Koch und
Dr. phil. S. Eckhard, Düsseldorf
Die spektrographische Bestimmung der Spuren-
elemente in Stahl ohne vorherige Abbrennung
1958, 36 Seiten, 22 Abb., DM 12,60

HEFT 542
Dr. phil. nat. G. Zapf, Schwelm
Entwicklung eines Verfahrens zur Herstellung von
Formteilen aus Sintermessing
1958, 44 Seiten, 23 Abb., 7 Tabellen, DM 15,15

HEFT 552
Dr.-Ing. G. Leiber und Dipl.-Ing. D. Schauwinhold,
Duisburg-Hamborn
Versuche zur Erzeugung halbberuhigten Stahles
1958, 28 Seiten, 23 Abb., 6 Tabellen, DM 11,30

HEFT 562
Prof. Dr.-Ing. H. Schenk, Prof. Dr. phil. habil.
N. G. Schmahl und Dr.-Ing. G. Funke, Aachen
Die Reduzierbarkeit von Eisenerzen
1958, 102 Seiten, 89 Abb., 10 Tabellen, DM 29,25

HEFT 573
Prof. Dr. phil. F. Wever, Dr. rer. nat. W. Jellinghaus
und Dr.-Ing. T. Shuin, Düsseldorf
Gemischt-keramische Sinterwerkstoffe aus Aluminiumoxyd und Eisen oder Eisenlegierungen
1958, 76 Seiten, 39 Abb., 17 Tabellen, DM 22,65

HEFT 586
Dr.-Ing. W. A. Fischer und Dr. rer. nat. A. Hoffmann,
Düsseldorf
Verhalten von Eisen- und Stahlschmelzen im Hoch-
vakuum
1958, 42 Seiten, 10 Abb., 13 Tabellen, DM 14,50

HEFT 597
Prof. Dr. phil. F. Wever, Dr. phil. W. Wink und
Dr. rer. nat. W. Jellinghaus, Düsseldorf
Suszeptibilitätsmessungen an hochwarmfesten Le-
gierungen auf Nickel-Chrom- und Kobalt-Nickel-
Chrom-Grundlage
1958, 34 Seiten, 10 Abb., 5 Tabellen, DM 12,—

HEFT 599
Prof. Dr. phil. W. Koch und
Dipl.-Phys. Dr. phil. H. Sundermann, Düsseldorf
Elektrochemische Grundlagen der Isolierung von
Gefügebestandteilen in metallischen Werkstoffen
1958, 50 Seiten, 26 Abb., 1 Tabelle, DM 17,60

HEFT 600
Prof. Dr. phil. W. Koch, Dr. phil. S. Eckhard und
Dr. rer. nat. F. Stricker, Düsseldorf
Die lichtelektrische Spektralanalyse der Gase im
Stahl
1958, 54 Seiten, 27 Abb., 9 Tabellen, DM 15,10

HEFT 620
Dr. rer. nat. D. Horstmann, Düsseldorf
Der Einfluß von Aluminium im Eisen- und im
Zinkbad auf den Zinkangriff
1958, 30 Seiten, 17 Abb., 3 Tabellen, DM 9,40

HEFT 628
Dipl.-Ing. W. Panknin und Dipl.-Ing. W. Möhrlin
Stuttgart
Die Ermittlung der Fließkurven von Schrauben-
werkstoffen
1958, 20 Seiten, 8 Abb., DM 6,40

HEFT 630
Prof. Dr. phil. W. Koch und
Dr. techn. Dipl.-Ing. H. Malissa, Düsseldorf
Beiträge zur Spurenanalyse im Reinsteisen
1958, 26 Seiten, 8 Tabellen, DM 7,60

HEFT 644
Prof. Dr.-Ing. F. Bollenrath, Aachen
Untersuchung einiger mechanischer Eigenschaften
von Sinteraluminium S. A. P. und S. A. P.-Avional
1958, 24 Seiten, 26 Abb., DM 8,10

HEFT 697
Prof. Dr.-Ing. Th. Gast,
Dr.-Ing. C. M. Frhr. v. Meysenbug und
Prof. Dr.-Ing. O. Krischer, Darmstadt
Untersuchung über die Erwärmungsvorgänge bei
der Verarbeitung härtbarer und thermoplastischer
Kunststoffe
1959, 92 Seiten, 71 Abb., mehr. Tabellen. DM 26,90

HEFT 706
Prof. Dr.-Ing. Dr.-Ing. E. h. H. Schenck und
Dr.-Ing. H. Esch, Aachen
Zur Untersuchung der Hochofenvorgänge
1959, 32 Seiten, 23 Abb., DM 9,90

HEFT 737
Prof. Dr.-Ing. habil. K. Krekeler, Dr.-Ing. H. Peukert
und Dipl.-Ing. J. Eilers, Aachen
Festigkeitsuntersuchungen an Rohren aus Thermo-
plasten
1959, 66 Seiten, 84 Abb., DM 19,40

HEFT 748
Prof. Dr. phil. nat. habil. H.-E. Schwiete,
Dr.-Ing. H. Knoblauch und Dr. rer. nat. G. Ziegler,
Aachen
Die Hydratation der Verbindungen 3 CaO · SiO$_2$
und β-2 CaO · SiO$_2$
1959, 56 Seiten, 22 Abb., 14 Tabellen, DM 15,70

HEFT 780
Prof. Dr. phil. F. Wever, Düsseldorf
Untersuchungen von Walzölen und Walzölemul-
sionen im Kaltwalzversuch
1959, 68 Seiten, 28 Abb., mehr. Tabellen, DM 18,50

HEFT 788
Prof. Dr.-Ing. Herwart Opitz, Aachen
Der Einsatz radioaktiver Isotope bei Zerspanungs-
untersuchungen
1959, 36 Seiten, 23 Abb., DM 11,30

HEFT 797
Prof. Dr. phil. H. Lange und
Dr. rer. nat. R. Kohlhaas, Köln
Über die wahre spezifische Wärme von Eisen,
Nickel und Chrom bei hohen Temperaturen
1960, 115 Seiten, 38 Abb., 24 Tabellen, DM 31,20

HEFT 798
Dr. rer. nat. K. Wassmann, Mönchengladbach
Einfluß der Schutzgasatmosphäre auf die Eigenschaften von Sinterstahl
1959, 94 Seiten, 64 Abb., 18 Tabellen, DM 27,—

HEFT 799
Dipl.-Ing. H. Weiss, Frankfurt a. M.
Aufkohlung und Härtung von Sintereisen-Werk-
stoffen
1960, 61 Seiten, 55 Abb., DM 18,80

HEFT 800
Dipl.-Ing. O. Schindler, Hannover
Untersuchungen an geschweißten Hüttenkranen
1960, 43 Seiten, 13 Abb., DM 13,20

HEFT 801
Baurat Dipl.-Ing. Gesell, Duisburg
Ersatz von Quarzsand als Strahlmittel
1960, 66 Seiten, 12 Abb., 4 Tabellen, 17 Diagramme,
DM 18,90

HEFT 833
Prof. Dr.-Ing. H. Winterhager und
Dr.-Ing. D. H. Hermes, Aachen
Anodennebenreaktionen bei der Silberraffinations-
elektrolyse
1960, 55 Seiten, 21 Abb., 10 Tabellen, DM 15,60

HEFT 834
Prof. Dr.-Ing. H. Winterhager und Dr.-Ing. K. Reiprich,
Aachen
Der Glänzabbau des Reinstaluminiums in Fluß-
säure enthaltenden chemischen Glänzbädern
1960, 92 Seiten, 88 Abb., 7 Tabellen, DM 27,30

HEFT 840
Prof. Dr. phil. F. Wever, Dr.-Ing. H. G. Müller und
Dr.-Ing. P. Funke, Düsseldorf
Versuchsmäßige und rechnerische Bestimmung
von Walzkraft und Drehmoment unter Einwirkung
von Bandzugspannungen beim Kaltwalzen von
Bandstahl
1960, 36 Seiten, 12 Abb., 3 Tafeln, DM 10,90

HEFT 841
Dr. rer. nat. H. Blanck, Düsseldorf
Untersuchungen zur Kinetik des Martensitzerfalls
1960, 33 Seiten, 11 Abb., 2 Tabellen, DM 10,30

HEFT 849
Dir. L. Martin, Wuppertal-Elberfeld und F. Steiner,
Ratingen
Weiterentwicklung von Friktionswerkstoffen
1960, 66 Seiten, 70 Abb., 3 Tabellen, DM 20,50

HEFT 939
Prof. Dr.-Ing. habil. Wilhelm Petersen und Dipl.-Ing.
Hans Mingenbach, Dozentur für Brikettierung der
Technischen Hochschule Aachen
Untersuchungen über die Herstellung von Erz-
briketts
1961, 84 Seiten, 67 Abb., 2 Tabellen, DM 25,60

HEFT 957
Prof. Dr.-Ing., Dr.-Ing. E. h. Hermann Schenck,
Prof. Dr.-Ing. Eugen Schmidtmann und Dr.-Ing.
Helmut Brandis, Institut für Eisenhüttenwesen der
Technischen Hochschule Aachen
Mechanische und physikalische Prüfverfahren zur
Ermittlung der Vorgänge bei der Abschreck- und
Verformungsalterung
1961, 48 Seiten, 34 Abb., DM 14,90

HEFT 958
Prof. Dr.-Ing., Dr.-Ing. E. h. Hermann Schenck,
Prof. Dr.-Ing. Eugen Schmidtmann und Dr.-Ing.
Heinz Müller, Institut für Eisenhüttenwesen der
Technischen Hochschule Aachen
Untersuchungen zur Isolierung von Einschlüssen
und Korngrenzensubstanzen in Eisenwerkstoffen
nach dem Dünnschliffverfahren. Innere Oxydation
von Eisenlegierungen
1961, 50 Seiten, 33 Abb., 1 Tabelle, DM 15,90

HEFT 961
Prof. Dr.-Ing. Wilhelm Patterson und Dr.-Ing.
Dietmar Boenisch, Gießerei-Institut der Technischen
Hochschule Aachen
Eigenschaften und Eigenschaftsänderungen der
Tonmineralien in Formsanden
1961, 34 Seiten, 16 Abb., DM 10,90

HEFT 962
Prof. Dr.-Ing. Wilhelm Patterson und Dr.-Ing.
Philipp Schneider, Gießerei-Institut der Technischen
Hochschule Aachen
Untersuchungen über die Oberflächenfeingestalt
von Gußstücken
1961, 70 Seiten, 52 Abb., 1 Bildtafel, DM 20,80

HEFT 963
Prof. Dr.-Ing. Wilhelm Patterson und Dr.-Ing. Wilhelm Weskamp, Gießerei-Institut der Technischen Hochschule Aachen
Versuche zur Steigerung der Temperatur in der Schmelzzone des Kupolofens und zur Erzielung eines optimalen thermischen Wirkungsgrades durch Verwendung von HC-Koks in unterschiedlicher Stückgröße
1961, 88 Seiten, 29 Abb., 30 Tabellen, DM 28,30

HEFT 964
Prof. Dr.-Ing. Wilhelm Patterson und Dr.-Ing. Friedrich Iske, Gießerei-Institut der Technischen Hochschule Aachen
Zusammenhang zwischen den mechanischen Eigenschaften im Gußstück und im getrennt gegossenen Probestab
1961, 82 Seiten, 53 Abb., 13 Tabellen, DM 23,80

HEFT 968
Prof. Dr.-Ing. habil. Anton Königer und Dipl.-Ing. G. Engels, Verein Deutscher Gießereifachleute, Düsseldorf
Zur Kenntnis der Passivierbarkeit und Korrosionsbeständigkeit technischer Eisensorten
1961, 26 Seiten, 7 Abb., 8 Tabellen, DM 8,90

HEFT 969
Prof. Dr. phil. Erich Scheil und Dipl.-Ing. G. Engels, Verein Deutscher Gießereifachleute, Düsseldorf
Über den Zustand von Metallschmelzen
1961, 38 Seiten, 23 Abb., 1 Tabelle, DM 11,90

HEFT 970
Prof. Dr.-Ing. habil. Anton Königer und Dipl.-Ing. G. Engels, Verein Deutscher Gießereifachleute, Düsseldorf
Der Einfluß verschiedener Begleit- und Legierungselemente auf das Viskositätsverhalten von Gußeisenschmelzen
1961, 26 Seiten, 14 Abb., 6 Tabellen, DM 8,60

HEFT 1016
Dr. rer. nat. W. Jellinghaus, Max-Planck-Institut für Eisenforschung, Düsseldorf
Sinterwerkstoffe aus Nickel oder Nickelaluminid mit Aluminiumoxyd
1961, 34 Seiten, 22 Abb., 6 Tab., DM 13,50

HEFT 1057
Prof. Dr.-Ing. H. Schenck, Dr.-Ing. W. Wenzel und Dr.-Ing. H. Dieter Butzmann, Institut für Eisenhüttenwesen der Technischen Hochschule Aachen
Die Reduktion von Eisenerzen im heterogenen Wirbelbett
1961, 88 Seiten, 32 Abb., DM 28,20

HEFT 1067
Prof. Dr.-Ing. H. Schenck und Dr.-Ing. Kl.-D. Unger, Institut f. Eisenhüttenwesen d. Rhein.-Westf. Technischen Hochschule Aachen
Versuche zur Bestimmung von Verunreinigungen in Metallen insbesondere von Oxyden und Oxydverbindungen in technischen Stählen
1962, 34 Seiten, 10 Abb., 3 Tabellen, DM 13,40

HEFT 1068
Prof. Dr.-Ing. H. Schenck, u. a., Institut f. Eisenhüttenwesen d. Rhein.-Westf. Technischen Hochschule Aachen
Der Einfluß des Schwefels und der Kohlenoxydspaltung auf den Hochofenprozeß
1962, 222 Seiten, 99 Abb., 51 Tabellen, DM 49,50

HEFT 1083
Ahmed Ali Salem El-Sabbagh, Institut für Werkstoffkunde der Rhein.-Westf. Technischen Hochschule Aachen
Untersuchungen über die Warmfestigkeit von Hartlötverbindungen

HEFT 1092
Prof. Dr.-Ing. habil. Anton Königer † und Dr.-Ing. Manfred Odendahl, Institut für Gießereikunde der Technischen Universität Berlin, im Auftrage des Vereins Deutscher Gießereifachleute, Düsseldorf
Der Einfluß von Oxyden auf die Viskosität von reinen Eisen-Kohlenstoff-Silizium-Legierungen
1962, 23 Seiten, 9 Abb., DM 10,40

HEFT 1093
Dr.-Ing. Wolf Dieter Röpke und Dr.-Ing. Abbas Sabé- Institut für Gießereikunde der Technischen Universität Berlin, im Auftrage des Vereins Deutscher Gießereifachleute, Düsseldorf
Das Fließvermögen und die Warmrißneigung von Stahl mit besonderer Berücksichtigung des Einflusses von hohen Molybdängehalten
1962, 37 Seiten, 21 Abb., 4 Tabellen, DM 17,—

HEFT 1094
Prof. Dr.-Ing. habil. Anton Königer † und Prof. Dr. E. Pfeil, Institut für Gießereikunde der Technischen Universität Berlin, im Auftrage des Vereins Deutscher Gießereifachleute, Düsseldorf
Versuche zur Entwicklung von Korrosions-Prüfmethoden
1962, 23 Seiten, 7 Abb., 3 Tabellen, DM 10,80

HEFT 1113
Dr. rer. nat. Wolfgang Pitsch, Max-Planck-Institut für Eisenforschung, Düsseldorf
Die kristallographischen Eigenschaften der Nitridausscheidungen im α–Eisen
1962, 22 Seiten, 8 Abb., DM 11,—

HEFT 1114
Dr. phil. Siegfried Eckhard und Dipl.-Phys. Walter Baum, Max-Planck-Institut für Eisenforschung, Düsseldorf
Über ein physikalisches Verfahren zur Bestimmung des Wasserstoffs im Ternären Gemisch mit Stickstoff und Kohlenmonoxyd
1962, 64 Seiten, 31 Abb., DM 39,80

HEFT 1122
Prof. Dr.-Ing. Dr.-Ing. E. h. Hermann Schenck, Dozent Dr.-Ing. Werner Wenzel und Dipl.-Ing. Günter Dietrich, Institut für Eisenhüttenwesen der Rhein.-Westf. Technischen Hochschule Aachen
Reaktionskinetische Betrachtung des Sintervorganges und Möglichkeiten zur Leistungssteigerung (Entwicklung eines Schachtsinterverfahrens)
1962, 93 Seiten, 24 Abb., 5 Tabellen, DM 44,50

HEFT 1158
Dr.-Ing. habil. Alfred Krisch, Max-Planck-Institut für
Eisenforschung in Düsseldorf
Über die Extrapolation von Zeitstandversuchen

HEFT 1190
Prof. Dr.-Ing. Max Vater und Dipl.-Ing. Otto Schulte,
Institut für Bildsame Formgebung der Technischen
Hochschule Aachen
Die Formänderungsfestigkeit von Metallen
In Vorbereitung

HEFT 1191
Prof. Dr.-Ing. habil. Anton Königer †, Dr.-Ing.
Manfred Odendahl und Eberhard Pahl, Institut für
Gießereikunde der Technischen Universität Berlin, im
Auftrage des Vereins Deutscher Gießereifachleute
Düsseldorf
Über die Bildsamkeit von tongebundenen Formsanden
In Vorbereitung

HEFT 1192
Dr.-Ing. Peter R. Sahm, Institut für Gießereikunde der
Technischen Universität Berlin, im Auftrage des Vereins
Deutscher Gießereifachleute Düsseldorf
Das Fließvermögen reiner und sauerstoffhaltiger
Kupferschmelzen
In Vorbereitung

HEFT 1193
Prof. Dr.-Ing. Helmut Winterhager und Dr.-Ing. Rein
hard K. Buchner, Institut für Metallhüttenwesen und
Elektrometallurgie an der Technischen Hochschule Aachen
Beitrag zum experimentellen Problem der Messung
schneller Elektrodenvorgänge
In Vorbereitung

HEFT 1194
Dr. rer. nat. Werner Jellinghaus, Max-Planck-Institut
für Eisenforschung, Düsseldorf
Beiträge zur Konstitution metallischer Stoffe durch
Suszeptibilitätsmessungen
In Vorbereitung

Ein Gesamtverzeichnis der Forschungsberichte, die folgende Gebiete umfassen, kann bei Bedarf vom Verlag
angefordert werden:
Acetylen/Schweißtechnik – Arbeitswissenschaft – Bau/Steine/Erden – Bauwirtschaft – Bergbau – Biologie –
Chemie – Eisenverarbeitende Industrie – Elektrotechnik/Optik – Energiewirtschaft – Fahrzeugbau/Gasmotoren – Farbe/Papier/Photographie – Fertigung – Funktechnik/Astronomie – Gaswirtschaft – Holzbearbeitung – Hüttenwesen/Werkstoffkunde – Kunststoffe – Luftfahrt/Flugwissenschaften – Luftreinhaltung –
Maschinenbau – Mathematik – Medizin/Pharmakologie/NE-Metalle – Physik – Rationalisierung – Schall/
Ultraschall – Schiffahrt – Textiltechnik/Faserforschung/Wäschereiforschung – Turbinen – Verkehr – Wirtschaftswissenschaft.

WESTDEUTSCHER VERLAG · KÖLN UND OPLADEN
567 Opladen/Rhld., Ophovener Straße 1-3

GPSR Compliance
The European Union's (EU) General Product Safety Regulation (GPSR) is a set
of rules that requires consumer products to be safe and our obligations to
ensure this.

If you have any concerns about our products, you can contact us on

ProductSafety@springernature.com

In case Publisher is established outside the EU, the EU authorized
representative is:

Springer Nature Customer Service Center GmbH
Europaplatz 3
69115 Heidelberg, Germany